Digvijay Powar
Deepak More

Comparação dos parâmetros de transferência de calor num tubo com covinhas

Digvijay Powar
Deepak More

Comparação dos parâmetros de transferência de calor num tubo com covinhas

Dinâmica de fluidos computacional

ScienciaScripts

Imprint
Any brand names and product names mentioned in this book are subject to trademark, brand or patent protection and are trademarks or registered trademarks of their respective holders. The use of brand names, product names, common names, trade names, product descriptions etc. even without a particular marking in this work is in no way to be construed to mean that such names may be regarded as unrestricted in respect of trademark and brand protection legislation and could thus be used by anyone.

Cover image: www.ingimage.com

This book is a translation from the original published under ISBN 978-620-7-64784-2.

Publisher:
Sciencia Scripts
is a trademark of
Dodo Books Indian Ocean Ltd. and OmniScriptum S.R.L publishing group

120 High Road, East Finchley, London, N2 9ED, United Kingdom
Str. Armeneasca 28/1, office 1, Chisinau MD-2012, Republic of Moldova, Europe
Managing Directors: Ieva Konstantinova, Victoria Ursu
info@omniscriptum.com

Printed at: see last page
ISBN: 978-620-8-41328-6

Conteúdo

CAPÍTULO 1

1. INTRODUÇÃO

Os permutadores de calor têm várias aplicações industriais e de engenharia. O processo de conceção dos permutadores de calor é bastante complicado, uma vez que requer uma análise exacta da taxa de transferência de calor e das estimativas de queda de pressão, para além de questões como o desempenho a longo prazo e o aspeto económico do equipamento. O principal desafio na conceção de um permutador de calor é tornar o equipamento compacto e atingir uma elevada taxa de transferência de calor utilizando uma potência de bombagem mínima.

As técnicas de aumento da transferência de calor são relevantes para várias aplicações de engenharia. Nos últimos anos, o elevado custo da energia e dos materiais levou a um esforço crescente no sentido de produzir equipamento de permuta de calor mais eficiente. Além disso, por vezes é necessário miniaturizar um permutador de calor em aplicações específicas, como as aplicações espaciais, através de um aumento da transferência de calor. Por exemplo, um permutador de calor para uma central de conversão de energia térmica oceânica (OTEC) exige uma área de superfície de transferência de calor da ordem dos 10 000 m^2/MW.

Nos últimos anos, a investigação sobre os métodos de melhoria da transferência de calor em permutadores de calor tem recebido grande atenção, a fim de satisfazer as necessidades crescentes de maior eficiência nestes dispositivos. O melhoramento da transferência de calor é o processo de melhorar o desempenho de um sistema de transferência de calor. Até à data, foram feitas muitas tentativas para reduzir o tamanho e o custo do permutador de calor. Um aumento do coeficiente de transferência de calor conduz geralmente a outra vantagem que é a redução da força motriz da temperatura, o que aumenta a eficiência da segunda lei e diminui a geração de entropia. Além disso, as técnicas de aumento de calor desempenham um papel vital para o fluxo laminar, uma vez que o coeficiente de transferência de calor é geralmente baixo no tubo plano.

A transferência de calor é intensificada por técnicas como as passivas, activas e compostas ou a combinação de técnicas passivas e activas, que são principalmente utilizadas nas indústrias de transformação, aquecimento e arrefecimento em evaporadores, centrais térmicas, equipamento de ar condicionado, frigoríficos, radiadores para veículos espaciais, automóveis, etc. As técnicas passivas, em que são utilizadas inserções na passagem do fluxo para intensificar a taxa de transferência de calor, são vantajosas em comparação com as técnicas activas, porque o processo de fabrico das inserções é simples e estas técnicas podem ser facilmente utilizadas num permutador de calor existente. Na conceção de permutadores de calor compactos, as técnicas passivas de aumento da transferência de calor podem desempenhar um papel importante se for possível selecionar uma configuração adequada das pastilhas passivas de acordo com as condições de funcionamento do permutador de calor, tanto em termos de fluxo como de transferência de calor condições.

Assim, existem muitas técnicas de aumento disponíveis para melhorar a transferência de calor, cada uma com os seus próprios méritos e deméritos. Uma técnica popular e bem sucedida é a introdução de rugosidade superficial para perturbar a camada limite do fluxo. Tal deve-se principalmente à sua eficácia no aumento da transferência de calor e à sua simplicidade de aplicação. Os relatórios de investigação de G. J. Kidd Jr. mostram que os tubos ondulados em espiral são uma forma especialmente atractiva de criar a rugosidade da superfície.

Quando o fluido circula em tubos ondulados, o fluxo é perturbado devido ao crescimento de regiões de recirculação junto à parede ondulada, o que melhora a mistura do fluido e a transferência de calor. No lado do refrigerante, a utilização de nanofluidos, um líquido em que são adicionadas nanopartículas a um fluido de base, pode também melhorar a transferência de calor devido à melhor condutividade térmica do fluido. Além disso, o dispositivo de fluxo inverso ou os tabuladores são amplamente utilizados em aplicações de engenharia de transferência de calor. O efeito do fluxo inverso e da erupção da camada limite é o de aumentar o coeficiente de transferência de calor e de transferência de momento. O fluxo inverso com fluxo turbulento elevado pode melhorar a convecção da parede do tubo, aumentando o número de Reynolds axial efetivo, diminuindo a área de fluxo da secção transversal e aumentando a velocidade média e o gradiente de temperatura.

Em geral, as técnicas de transferência de calor melhoradas podem ser utilizadas para três objectivos

Tornar o permutador de calor mais compacto, a fim de reduzir o seu volume global e, eventualmente, o seu custo.

Para reduzir a potência de bombagem necessária para um determinado processo de transferência de calor. Aumentar o valor global de UA do permutador de calor.

Um valor UA mais elevado pode ser explorado de duas formas

Para obter um aumento da taxa de permuta de calor para uma temperatura de entrada fixa.

Para reduzir a diferença de temperatura média para a permuta de calor.

Isto aumenta a eficiência do processo termodinâmico, o que pode resultar numa poupança de custos de funcionamento.

O objetivo deste trabalho de projeto é analisar o coeficiente de transferência de calor e as caraterísticas de fricção num tubo corrugado e, finalmente, os resultados são comparados com a análise CFD para obter resultados satisfatórios. As experiências serão realizadas em primeiro lugar com o tubo circular corrugado e o aumento da transferência de calor será registado. Em seguida, o aumento da transferência de calor é registado no tubo circular liso e ambos os resultados são comparados. Todas as experiências são efectuadas nas mesmas condições de entrada com o número de Reynolds baseado no diâmetro do tubo (Re), entre 23.000 e 50.000.

CAPÍTULO 2

2. CLASSIFICAÇÃO DAS TÉCNICAS DE MELHORIA DA TRANSFERÊNCIA DE CALOR

DE TRANSFERÊNCIA DE CALOR

As técnicas de intensificação da transferência de calor (passivas, activas ou uma combinação de métodos passivos e activos ou de métodos compostos) são normalmente utilizadas em áreas como as indústrias de transformação, aquecimento e arrefecimento em evaporadores, centrais térmicas, equipamento de ar condicionado, frigoríficos, radiadores para veículos espaciais, automóveis, etc. As técnicas passivas, em que são utilizadas inserções na passagem do fluxo para intensificar a taxa de transferência de calor, são vantajosas em comparação com as técnicas activas, porque o processo de fabrico das inserções é simples e estas técnicas podem ser facilmente utilizadas num permutador de calor existente. Na conceção de permutadores de calor compactos, as técnicas passivas de aumento da transferência de calor podem desempenhar um papel importante se for possível selecionar uma configuração adequada de inserção passiva de acordo com as condições de funcionamento do permutador de calor (condições de fluxo e de transferência de calor). Muitos investigadores utilizaram diferentes métodos passivos para melhorar a transferência de calor. Os métodos passivos de transferência de calor não são apenas aplicáveis ao permutador de calor, mas também ao aquecedor de ar solar e ao arrefecimento de componentes electrónicos (dissipador de calor).

A transferência de calor no interior de passagens de fluxo pode ser melhorada utilizando modificações passivas da superfície, tais como tabuladores de nervuras, saliências, aletas de pinos e covinhas. Estas técnicas de melhoramento da transferência de calor têm aplicações práticas. Aplicação no arrefecimento interno de folhas de ar de turbinas, revestimentos de câmaras de combustão e dispositivos de arrefecimento eletrónico, dispositivos biomédicos e permutadores de calor. A transferência de calor pode ser aumentada através das seguintes técnicas de aumento. Estas são classificadas em três categorias diferentes:

(i) Técnicas passivas

(ii) Técnicas activas

(iii) Técnicas de compostos

2.1 Técnicas passivas

Estas técnicas utilizam geralmente modificações superficiais ou geométricas no canal de escoamento através da incorporação de inserções ou dispositivos adicionais. Promovem coeficientes de transferência de calor mais elevados, perturbando ou alterando o comportamento do escoamento existente (exceto no caso de superfícies alargadas), o que também leva a um aumento da perda de carga. No caso de superfícies estendidas, a área efectiva de transferência de calor no lado da superfície estendida é aumentada. As técnicas passivas têm a vantagem sobre as técnicas activas, uma vez que não requerem qualquer entrada direta de energia externa. Estas técnicas não requerem qualquer entrada direta de energia externa; em vez disso, utilizam-na do próprio sistema, o que, em última análise, leva a um aumento da queda de pressão do fluido.

Geralmente utilizam modificações superficiais ou geométricas no canal de escoamento através da incorporação de inserções ou dispositivos adicionais. Promovem coeficientes de transferência de calor mais elevados, perturbando ou alterando o comportamento do fluxo existente, exceto no caso de superfícies alargadas.

O aumento da transferência de calor através destas técnicas pode ser conseguido através da utilização de superfícies tratadas: Estas superfícies têm uma alteração de escala fina no seu acabamento ou revestimento, que pode ser contínua ou descontínua. São principalmente utilizadas para tarefas de ebulição e condensação.

Superfícies rugosas: São as modificações superficiais que promovem a turbulência no campo de escoamento na região da parede, principalmente em escoamentos monofásicos, sem aumento da área superficial de transferência de calor.

Superfícies alargadas: Proporcionam um aumento efetivo da transferência de calor. Os desenvolvimentos mais recentes conduziram a superfícies com alhetas modificadas que também tendem a melhorar os coeficientes de transferência de calor perturbando o campo de fluxo, para além de aumentar a área da superfície.

Dispositivos de melhoria deslocada: São inserções utilizadas principalmente na convecção forçada confinada e melhoram o transporte de energia indiretamente na superfície de permuta de calor, deslocando o fluido da superfície aquecida ou arrefecida da conduta com o fluido a granel do fluxo central.

Dispositivo de fluxo turbulento: Produzem e sobrepõem o fluxo turbilhonar ou a recirculação secundária ao fluxo axial num canal. Incluem inserções de tubos do tipo tira helicoidal ou parafuso com núcleo, fitas torcidas. Podem ser utilizados para caudais monofásicos e bifásicos.

Tubos em espiral: Estes conduzem a permutadores de calor relativamente mais compactos. Produzem fluxos secundários e vórtices que promovem coeficientes de transferência de calor mais elevados em fluxos monofásicos, bem como na maioria das regiões de ebulição.

Dispositivos de tensão superficial: São constituídos por superfícies de lamelas ou ranhuras, que direcionam e melhoram o fluxo de líquido para as superfícies de ebulição e para as superfícies de condensação.

Aditivos para líquidos: Estes incluem a adição de partículas sólidas, aditivos vestigiais solúveis e bolhas de gás em fluxos monofásicos e aditivos vestigiais que normalmente deprimem a tensão superficial do líquido para sistemas em ebulição.

Aditivos para gases: Estes incluem gotículas de líquido ou partículas sólidas, que são introduzidas em fluxos de gás monofásicos quer como fase diluída (suspensões gás-sólido) quer como fase densa (leitos fluidizados).

2.2 Técnicas activas

Estas técnicas são mais complexas do ponto de vista da utilização e da conceção, uma vez que o método requer alguma potência externa para provocar a modificação do fluxo desejada e a melhoria da taxa de transferência de calor. A sua aplicação é limitada devido à necessidade de energia externa em muitas aplicações práticas. Em comparação com as técnicas passivas, estas técnicas não mostraram muito potencial, uma vez que é difícil fornecer energia externa em muitos casos. Nestes casos, a energia externa é utilizada para facilitar a modificação do fluxo desejado e a melhoria concomitante da taxa de transferência de calor. O aumento da transferência de calor por este método pode ser conseguido através de:

Auxiliares mecânicos: Estes instrumentos agitam o fluido por meios mecânicos ou por rotação da superfície. Estes incluem permutadores de calor de tubos rotativos e permutadores de calor e massa de superfície raspada.

Vibração de superfície: Têm sido aplicadas em escoamentos monofásicos para obter coeficientes de transferência de calor mais elevados.

Vibração de fluidos: São utilizadas principalmente em caudais monofásicos e são consideradas talvez o tipo mais prático de técnica de melhoria da vibração.

Campos electrostáticos: Podem assumir a forma de campos eléctricos ou magnéticos ou de uma combinação dos dois, provenientes de fontes de corrente contínua ou alternada, que podem ser aplicados em sistemas de permuta de calor que envolvam fluidos dieléctricos. Dependendo da aplicação, pode também produzir uma maior mistura em massa e induzir a convecção forçada ou o bombeamento eletromagnético para melhorar a transferência de calor

Injeção: Esta técnica é utilizada no escoamento monofásico e diz respeito ao método de injeção do mesmo fluido ou de um fluido diferente no fluido principal, quer através de uma interface porosa de transferência de calor, quer a montante da secção de transferência de calor.

Sucção: Envolve a remoção de vapor através de uma superfície porosa aquecida em ebulição nucleada ou de película, ou a retirada de fluido através de uma superfície porosa aquecida em fluxo monofásico.

Impacto do jato: Envolve a direção do fluido de aquecimento ou arrefecimento perpendicularmente ou obliquamente à superfície de transferência de calor.

2.3 Técnicas compostas

Uma técnica de aumento composto é aquela em que mais do que uma das técnicas acima mencionadas é utilizada em combinação com o objetivo de melhorar ainda mais o desempenho termo-hidráulico de um permutador de calor. Quando duas ou mais destas técnicas são utilizadas simultaneamente para obter um aumento da transferência de calor superior ao produzido por qualquer uma delas quando utilizadas individualmente, designa-se por aumento composto. Esta técnica implica uma conceção complexa e, por conseguinte, tem aplicações limitadas.

Deve ser enfatizado que uma razão para estudar a transferência de calor melhorada é avaliar o efeito de uma condição inerente na transferência de calor. Alguns exemplos práticos incluem a rugosidade produzida pelo fabrico normal, a desgaseificação de líquidos com elevado teor de gás, a vibração da superfície resultante de máquinas rotativas ou de oscilações do fluxo, a vibração do fluido resultante da pulsação da bombagem e o campo elétrico presente no equipamento elétrico.

A maioria das técnicas comercialmente interessantes são passivas. As técnicas activas têm atraído pouco interesse comercial devido aos custos envolvidos e aos problemas associados à vibração ou ao ruído acústico.

Tabela 1:- Comparação da técnica ativa e passiva

	Abordagem	Descrição	Melhoria Possível

	Interrupção de superfície	As fendas ou alhetas deslocadas interrompem a camada limite, reiniciando-a, criando fluxos secundários e/ou gerando instabilidade do fluxo.	50% - 100%
	Rugosidade da superfície	Acelera a transição do calor do fluxo laminar para o turbulento; aumenta a transferência de fluxo turbulento.	Até 300%
Passivo	Superfície Protuberâncias	A vibração da superfície ou as ondas sonoras diluem ou reiniciam a camada limite e/ou induzem fluxos secundários.	50%-500%
	Forçado Fluxo Instabilidade	A vibração da superfície ou as ondas sonoras diluem ou reiniciam a camada limite e/ou induzir fluxos secundários.	Pequeno
	Electrohidrodinâmica (EHD)	A alta tensão (>1kV) aplicada a um elétrodo próximo de uma placa induz fluxos secundários na camada limite (apenas fluxos líquidos)	300% n+
	Camada limite Camada Injeção	Melhoria principalmente para fluxos multifásicos	50% - 500%
Ativo	Sucção da camada limite	A remoção da camada limite reinicia a camada limite a jusante.	Grande

*A transferência de calor diminui na região de fluxo separado

**É possível um aumento significativo em fluxos de líquidos (por cavitação) ou convecção natural

As geometrias de superfície especiais proporcionam uma melhoria, estabelecendo um hA mais elevado por unidade de área de superfície de base. Claramente, existem três formas básicas de o conseguir:

1. Aumentar a área efectiva da superfície de transferência de calor (A) por unidade de volume sem alterar significativamente o coeficiente de transferência de calor (h). A superfície lisa das alhetas melhora a transferência de calor desta forma.

2. Aumentar h sem alterar significativamente A. Isto consegue-se utilizando uma forma de canal especial, como um canal ondulado ou ondulado, que proporciona mistura devido a fluxos secundários e separação da camada limite dentro do canal. A geração de vórtices também aumenta h sem um aumento significativo da área, criando vórtices longitudinais em espiral que trocam fluido entre as regiões da parede e do núcleo do escoamento, resultando numa maior transferência de calor.

3. Aumentar h e A. Alhetas interrompidas (ou seja, alhetas com tira de compensação e alhetas com persianas). Estas superfícies aumentam a área de superfície efectiva e melhoram a transferência de calor através do crescimento e destruição repetidos das camadas limite.

Mecanismos de aumento da transferência de calor

1. Utilização de uma superfície secundária de transferência de calor.
2. Perturbação da velocidade do fluido não melhorada.
3. Perturbação da subcamada laminar na camada limite turbulenta.
4. Introdução de fluxos secundários.
5. Promover a separação da camada limite.
6. Promover a ligação/afetação de fluxo.
7. Aumento da condutividade térmica efectiva do fluido em condições estáticas
8. Aumento da condutividade térmica efectiva do fluido em condições dinâmicas
9. Atraso no desenvolvimento da camada limite.
10. Dispersão térmica.
11. Aumentar a ordem das moléculas do fluido
12. Redistribuição do fluxo.
13. Modificação da propriedade radiativa do meio convectivo
14. Aumento da diferença entre as temperaturas da superfície e do fluido.
15. Aumentar o caudal do fluido de forma passiva.

CAPÍTULO 3

3. TIPOS DE GEOMETRIAS DE TUBOS CORRUGADOS

Nos permutadores de calor, a ondulação e outras modificações superficiais são habitualmente utilizadas porque são muito eficazes no aumento da transferência de calor, parecendo também muito interessantes para aplicações práticas porque são uma técnica que promove o fluxo de recirculação secundário, induzindo componentes de velocidade não axiais. Recentemente, um padrão de fluxo em espiral ou helicoidal produzido através de modificações da superfície ou de qualquer outra técnica passiva para melhorar a transferência de calor é muito interessante. Além disso, a ondulação em espiral aumenta o aumento da transferência de calor devido aos redemoinhos de fluxo secundário e às curvaturas da superfície que passam pelas camadas de fluido, o que também provoca perdas de pressão.

3.1 Tubo corrugado côncavo para dentro

Este tubo pode ser fabricado por laminagem a frio na superfície exterior do tubo liso e é atualmente comercializado. Nalguns sistemas de aplicação, como nos dispositivos de engenharia nuclear, os requisitos de segurança para todo o equipamento são extremamente elevados. Todo o equipamento, incluindo o permutador de calor, tem de ser inspeccionado periodicamente com total acessibilidade. Se forem utilizados tubos ondulados côncavos para dentro num permutador de calor para esse sistema de aplicação, a fim de aumentar a taxa de transferência de calor, as estruturas côncavas para dentro causarão inevitavelmente obstrução ao dispositivo de inspeção interior, como uma câmara endoscópica transportada por um robô miniaturizado.

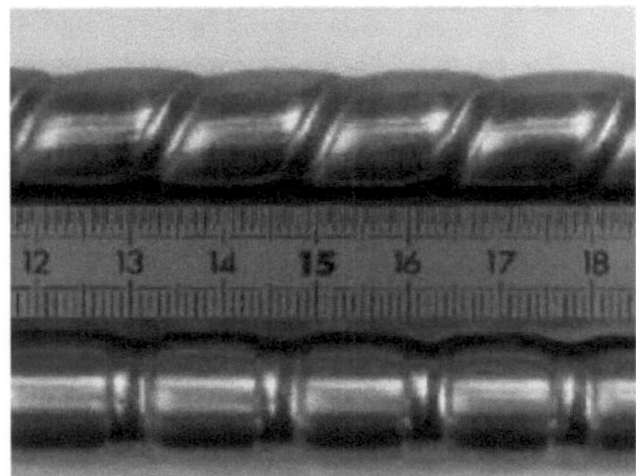

Fig.1 Tubo corrugado côncavo para dentro

3.2 Tubo corrugado convexo para o exterior

Este tubo pode ser formado por pressão hidráulica a partir do interior do tubo liso. Nalguns sistemas de aplicação, como nos dispositivos de engenharia nuclear, os requisitos de segurança para todo o equipamento são extremamente elevados. Todo o equipamento, incluindo o permutador de calor, tem de ser inspeccionado periodicamente com total acessibilidade. Mas se forem utilizados tubos ondulados côncavos para o interior num permutador de calor para esse sistema de aplicação em fim de aumentar a taxa de transferência de calor, as estruturas côncavas para o interior causarão inevitavelmente obstrução ao dispositivo de inspeção interior, como uma câmara endoscópica transportada por um robô miniaturizado. Os tubos ondulados convexos para o exterior podem, no entanto, ultrapassar este tipo de dificuldade e, ao mesmo tempo, aumentar a eficácia da transferência de calor.

A fim de desenvolver um permutador de calor de alta eficiência para um sistema de aplicação específico, conseguimos fabricar os tubos ondulados transversais convexos para o exterior através do método de pressão hidráulica, como mostra a figura abaixo.

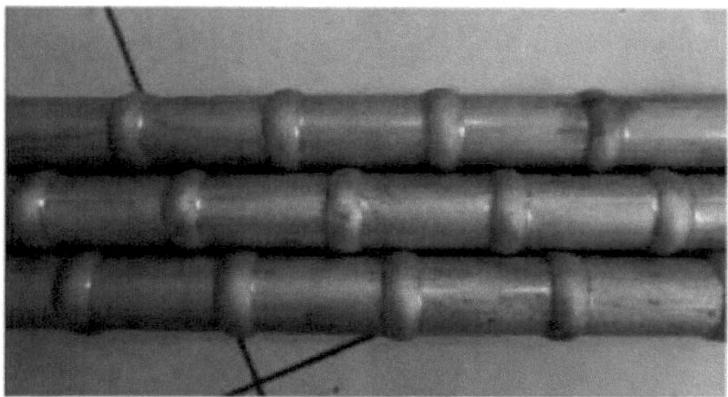

Fig. 2 Tubo corrugado convexo para o exterior

Existem dois tipos de tubos corrugados convexos para o exterior. A única diferença entre os tubos corrugados assimétricos e simétricos são os raios da calha de corrugação. Os raios da calha de corrugação do tubo assimétrico em ambos os lados são designados, respetivamente, raio da calha grande (rl) e raio da calha pequena.

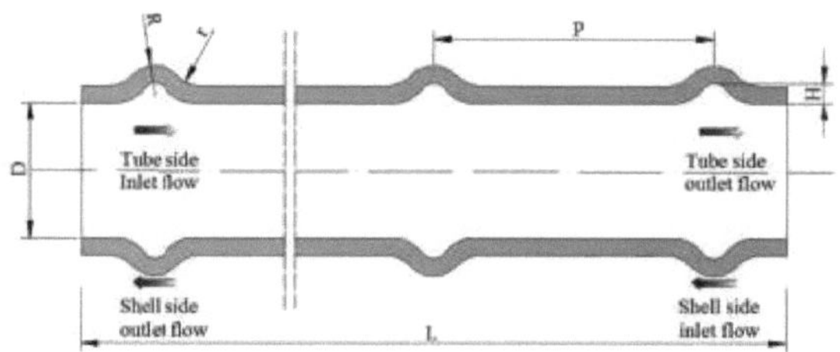

Fig. 3 Parâmetro de estrutura dos tubos ondulados simétricos

II. Tubos corrugados assimétricos

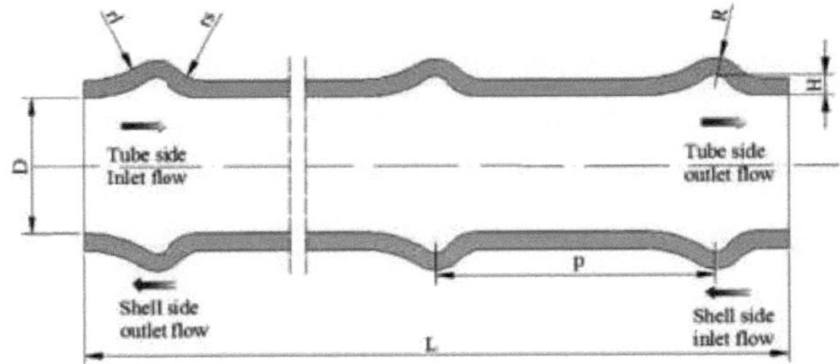

Fig. 4 Parâmetro de estrutura dos tubos corrugados assimétricos

3.3 Tubo corrugado em espiral com arranque simples

Estes tubos são fabricados a partir de um tubo de cobre liso e são enrolados em espiral ao longo do seu comprimento ativo. O esquema abaixo mostra um tubo corrugado em espiral e a nomenclatura para descrever a sua geometria.

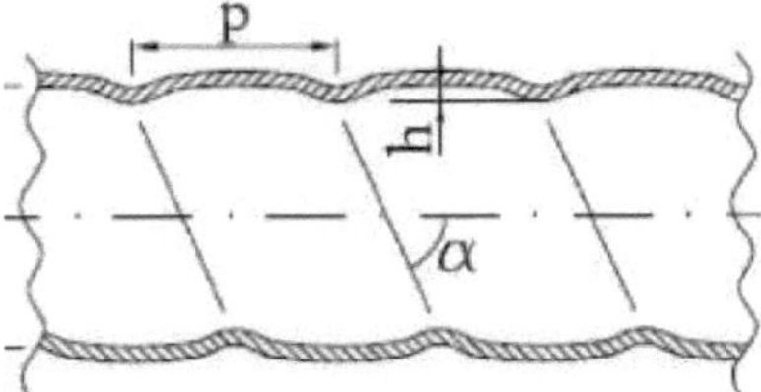

Fig. 5 Tubo corrugado em espiral com arranque simples

3.4 Tubo ondulado em espiral com dois arranques

Os principais parâmetros da ondulação são a altura da ondulação e, o passo da ondulação p do tubo, que tem um diâmetro de envelope variável den de acordo com a altura da ondulação e, e o diâmetro do furo db, como mostra a figura abaixo.

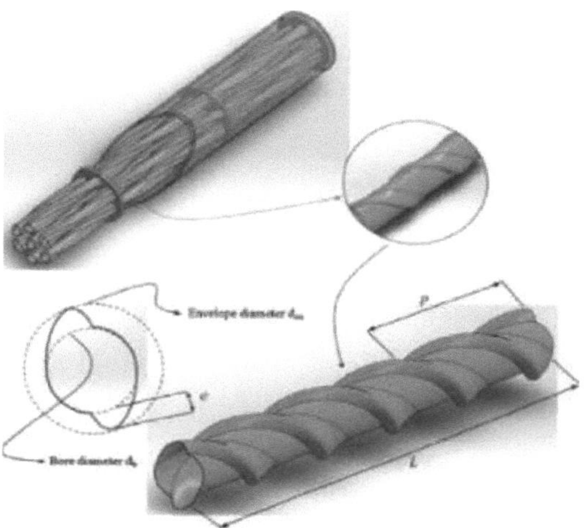

Fig. 6 Tubo ondulado em espiral de dois arranques Fonte: Wikipédia

3.5 Tubo corrugado em espiral com vários arranques

Os tubos ondulados em espiral com arranque múltiplo são apresentados na figura seguinte. Existem diferentes tipos de perfis de tubos corrugados, como o perfil circular, ondulado e curvo. Ammar F. Abdulwahd verificou que as três geometrias têm um fraco desempenho em termos de transferência de calor a baixo Re e um bom desempenho a alto Re, ao passo que o tubo corrugado curvo tem o melhor desempenho térmico entre os outros tipos de corrugação. Enquanto o tubo corrugado circular tem o menor aumento da transferência de calor e o tubo corrugado ondulado está no meio.

3.6 Perfil de ondulação circular

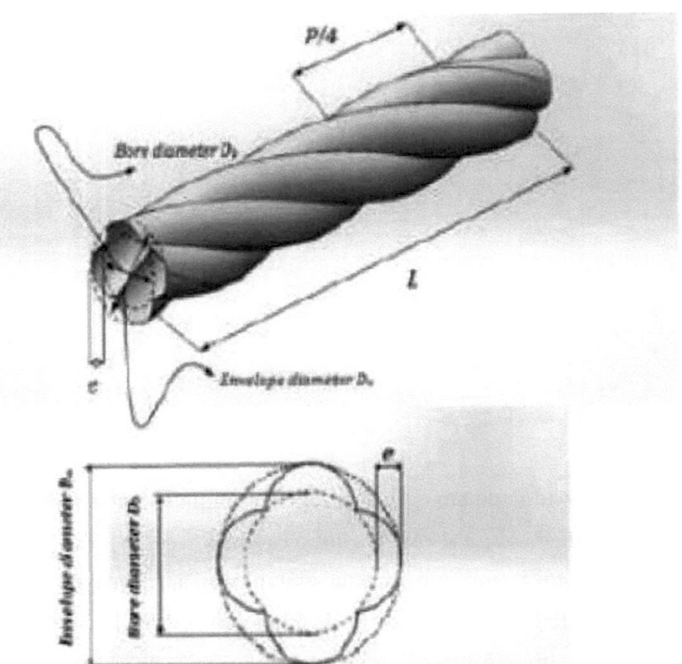

Fig. 7 Perfil de ondulação circular Fonte: Wikipédia

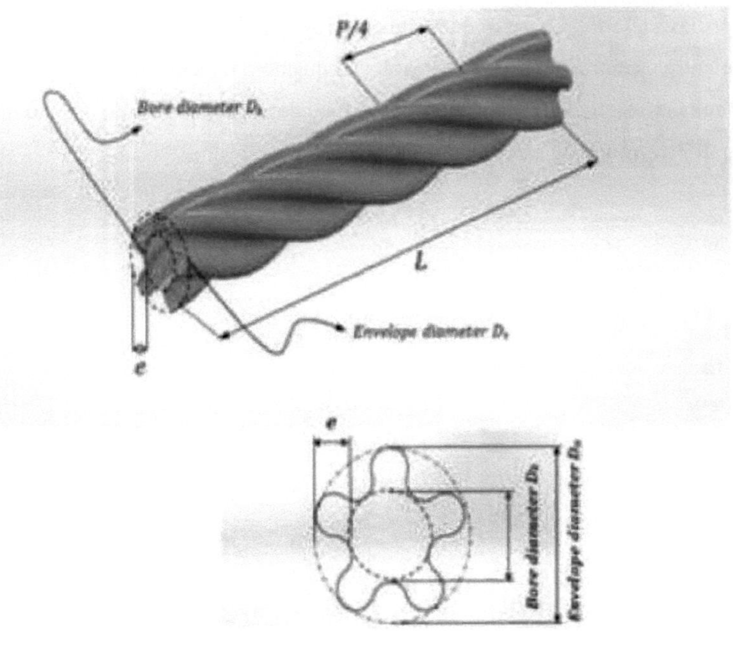

Fig. 8 Perfil ondulado ondulado Fonte: Wikipédia

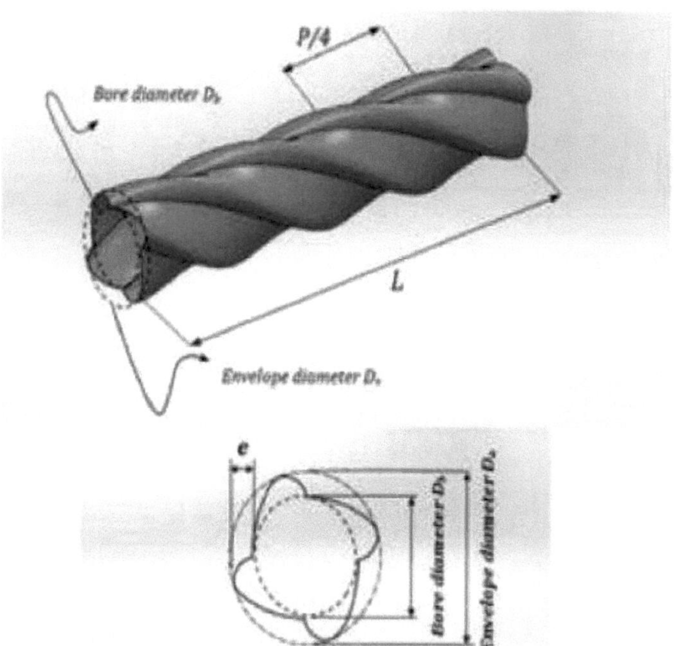

Fig. 9 Perfil de ondulação curvo Fonte: Wikipédia

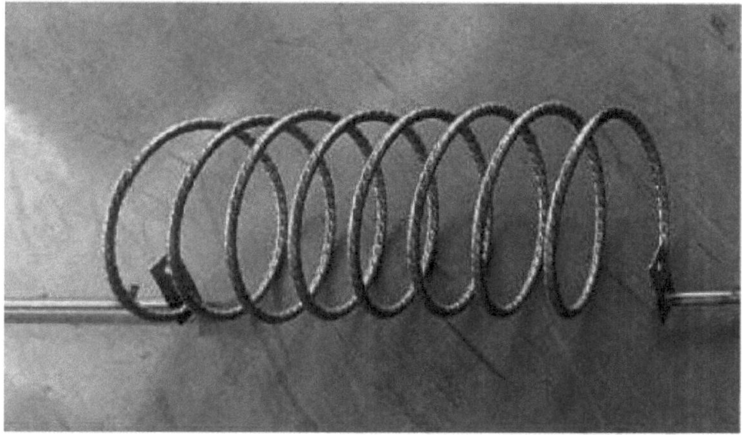

Fig. 10 Tubo corrugado enrolado helicoidalmente Fonte: Wikipédia

CAPÍTULO 4

4. REVISÃO DA LITERATURA

Paisarn Naphon[1]À medida que o fluido atravessa a superfície ondulada, ocorre a rutura e a desestabilização da zona de fronteira térmica. Isto faz com que a taxa de transferência de calor aumente. Assim, as superfícies onduladas são adequadas para melhorar a transferência de calor. Para tal, estão a ser utilizadas equações de governo que contêm a equação da continuidade, a equação da energia e a equação do momento, que são utilizadas integralmente para o estudo numérico do fluxo de fluidos. Estudou-se experimental e numericamente a queda de pressão e a transferência de calor na zona corrugada e nas zonas lisas sob fluxo de calor constante. Verificou-se que a transferência de calor obtida nos canais ondulados era 3,5 vezes superior à dos tubos lisos.

Kadir Bilen[2]É apresentado um estudo experimental das caraterísticas de transferência de calor e de atrito superficial de um escoamento turbulento de ar totalmente desenvolvido em diferentes tubos com ranhuras. Os ensaios foram realizados para números de Reynolds entre 10000 e 38000 e para diferentes formas geométricas de ranhuras (circular, trapezoidal e retangular). Obteve-se um aumento da transferência de calor de 63% para a ranhura circular, 58% para a trapezoidal e 47% para a retangular, em comparação com o tubo liso no número de Reynolds mais elevado (38000).

Zaid S. Kareem[3]a transferência de calor é um domínio muito interessante por razões económicas, funcionais e ambientais; está praticamente relacionada com todos os aspectos da vida humana. Por conseguinte, a melhoria deste domínio é essencial. A transferência de calor passiva representa a alma da melhoria da transferência de calor devido aos seus méritos de simplicidade, baixo custo e boa melhoria com uma queda de pressão aceitável. O presente trabalho analisou 95,74% dos artigos publicados sobre tubos corrugados para diferentes aplicações, a fim de oferecer um artigo que represente uma base de dados para os projectistas e autores que se ocupam da melhoria da transferência de calor em tubos corrugados.

M.N.Nazri [4] O principal fator utilizado para melhorar a transferência de calor é a utilização de corrugações, que é utilizada em muitas aplicações de engenharia, como o permutador de calor, o sistema de refrigeração e o ar condicionado. Há muitas técnicas que são utilizadas para melhorar a taxa de transferência de calor e também reduzir o tamanho e o custo do equipamento que é necessário através da sua alteração de design.

Há muitas técnicas que são utilizadas para melhorar a transferência de calor e um dos métodos mais importantes que são frequentemente utilizados para isso é a técnica de transferência de calor passiva. Quando este método é utilizado no permutador de calor, o desempenho global melhora significativamente. A simulação da dinâmica dos fluidos computacional (CFD) da análise do escoamento do fluido de transferência de calor num regime de escoamento laminar em tubos espiralados e corrugados com orientação horizontal foi utilizada para a análise.

M. Faizal [3], a transferência de calor entre os meios é puramente baseada na diferença de temperatura sem utilização de energia externa. Algumas das aplicações do permutador de calor são as indústrias de produção de energia, a eletrónica, as indústrias alimentares, as indústrias transformadoras, os sistemas de ar condicionado e de refrigeração, etc. Existem dois tipos de permutadores de calor: o permutador de calor direto e o permutador de calor indireto. No permutador de calor direto, os dois meios estão em contacto direto e no permutador de calor indireto, os dois meios estão separados por uma parede. Na análise do permutador de calor, todas as resistências térmicas no trajeto do fluxo de calor de um para outro são combinadas numa única resistência. Verifica-se também que a transferência de calor através de placas é mais eficaz.

S.V. Karmare [4] Realizaram um trabalho de investigação sobre a transferência de calor do ar através de uma conduta retangular com uma relação de aspeto de 10:1. A superfície superior da parede é revestida com nervuras metálicas de secções transversais circulares de forma faseada para formar uma grelha definida. As nervuras metálicas são colocadas em diferentes ângulos e com diferentes comprimentos, o que permite uma melhor transferência de calor. Os factores que afectam a transferência de calor são o comprimento relativo da grelha metálica, o caudal de massa, o passo das nervuras da grelha metálica e o passo da rugosidade relativa, factores que afectam cada vez mais a transferência de calor.

Aicha Chorak[5] Neste estudo, a simulação é feita através da investigação numérica de um fator geométrico importante no tubo corrugado que é útil para a transferência de calor.

A nossa atenção centra-se apenas no parâmetro do comprimento do passo sobre a transferência de calor através destes tubos, utilizando CFD. A conduta utilizada é um tubo cilíndrico e as hecklers são cavidades esféricas. É utilizado o modelo simétrico de eixo 2d e é adoptada a turbulência K-epsilon. Com base nos resultados numéricos obtidos, verifica-se que, para pequenos passos, a ranhura produz mais turbulência, mas longe da parede.

Yong Dong [7] Neste trabalho efectuou experimentalmente a taxa de transferência de calor com tubos ondulados em espiral e varia os parâmetros geométricos, considerando que a água e o óleo são fluidos de trabalho. Utilizando diferentes números de Reynolds, a gama de água separada é de 6000 a 93000 e a gama de óleo é de 3200 a 19000. São realizadas as experiências e, para isso, são feitas algumas suposições importantes como, por exemplo, o permutador de tubos reforçado e o permutador de tubos lisos com a mesma pressão de entrada, a resistência à incrustação do lado do tubo e a resistência da parede negligenciada.

Wen Tao ji[8]Neste artigo, é analisado o escoamento térmico e hidráulico de fluidos e a transferência de calor em tubos com técnicas internas de finos integrais, corrugação e compostos.

Estudaram os três tubos ondulados, com covinhas e com cordas de arame e verificaram que a gama do número de Reynolds e do número de Nusselt era semelhante, o que ajuda a determinar a taxa de transferência de calor para tubos ondulados. Os parâmetros geométricos, incluindo o passo, a largura da indentação e a altura máxima da indentação, são estudados para melhorar a transferência de calor através de tubos corrugados.

M.A. Ahmad [10] Em estudos anteriores, o fluxo de convecção forçada em canais ondulados é a solução para uma transferência de calor eficaz e é utilizado em permutadores de calor, mas a queda de pressão é a desvantagem deste método. Neste trabalho, as nanopartículas são utilizadas para melhorar a taxa de transferência de calor com uma técnica passiva. A condutividade térmica do nanofluido tem efeito no fluxo laminar através de um tubo circular

O diâmetro das nanopartículas tem efeito sobre o fluxo laminar e foi investigado numericamente, tendo-se verificado que o diâmetro das nanopartículas aumenta o número de Nusselt e o fluxo secundário diminui. São estudadas as equações de momento e de energia.

CAPÍTULO 5

5. DEFINIÇÃO DO PROBLEMA

A necessidade de um sistema térmico de elevado desempenho em aplicações de engenharia estimulou o interesse em encontrar formas de aumentar a taxa de transferência de calor no sistema. O equipamento de transferência de calor por convecção pode ser geralmente melhorado através de várias técnicas de melhoramento com vários tipos de superfícies melhoradas. A escolha de uma técnica de melhoramento depende de variáveis como: o regime de escoamento (número de Reynolds), as propriedades do fluido (número de Prandtl), a existência ou não de incrustações, a queda de pressão admissível e a existência ou ausência de convecção natural.

A superfície melhorada pode criar uma ou mais combinações das seguintes condições favoráveis ao aumento da taxa de transferência de calor com um aumento indesejável do atrito:

1. Interrupção do desenvolvimento da camada limite térmica e aumento da intensidade da turbulência.
2. Aumento da área de transferência de calor e
3. Geração de turbilhonamento e/ou fluxo secundário.

Até à data, muitas investigações têm-se centrado em métodos passivos de melhoria da transferência de calor e do escoamento de fluidos. Existem várias opções disponíveis para melhorar a transferência de calor associada aos fluxos internos. O melhoramento pode ser conseguido através do aumento do coeficiente de convecção e/ou do aumento da área da superfície de convecção.

Assim, a utilização de um tubo corrugado é a melhor opção para aumentar o coeficiente de transferência de calor do lado do tubo com um aumento mínimo da perda de pressão. O tubo corrugado é produzido através da indentação de um tubo liso com um padrão em espiral. Isto dá origem a diferentes regimes de fluxo - espiral no núcleo e remoinhos na periferia. Existem muitas geometrias de tubos corrugados disponíveis, tais como

1. Tubo corrugado convexo para o exterior
2. Tubo corrugado côncavo para dentro
3. Tubo corrugado em espiral de passagem única
4. Tubo corrugado em espiral de várias passagens
5. Perfil de ondulação circular

6. Perfil de ondulação ondulado
7. Perfil de Corrugação Curvo

5.1 Porquê o desenvolvimento dos tubos ondulados?

1. Aumentar o coeficiente de transferência de calor do lado do tubo com um aumento mínimo da perda de pressão.
2. Para ultrapassar as desvantagens de outros métodos de aumento artificial do coeficiente de transferência de calor, nomeadamente

- Aumento da resistência ao fluxo de fluido - aumento da perda de pressão.
- Caraterísticas imprevisíveis
- Difícil de conceber / fabricar / substituir / manter
- Difícil de limpar
- Baixa fiabilidade de funcionamento

3. Para obter uma transferência de calor eficiente mesmo em líquidos com elevada viscosidade, líquidos com fibras ou partículas de grandes dimensões.

Por conseguinte, um aumento da eficiência do permutador de calor através desta técnica pode resultar numa poupança considerável no custo do material. Além disso, à medida que um permutador de calor envelhece, a resistência à transferência de calor aumenta devido a incrustações ou incrustações. Estes problemas são mais comuns nos permutadores de calor utilizados em aplicações marítimas e na indústria química. Em algumas aplicações específicas, como os permutadores de calor que lidam com fluidos de baixa condutividade térmica (gases e óleos) e as instalações de dessalinização, é necessário aumentar a taxa de transferência de calor. Nesta técnica, a taxa de transferência de calor pode ser melhorada através da introdução de uma perturbação no escoamento do fluido (rompendo as camadas limite viscosas e térmicas), mas no processo a potência de bombagem pode aumentar significativamente e, em última análise, o custo de bombagem torna-se elevado.

A experiência será efectuada numa instalação experimental de circuito aberto, como se mostra na figura. O circuito é constituído por um ventilador, um medidor de orifício para medir o caudal e um termopar. A queda de pressão do tubo de ensaio de transferência de calor é medida com um manómetro de tubo em U inclinado. Os caudais volumétricos de ar do ventilador são ajustados variando a velocidade do motor através do inversor, situado antes da entrada do tubo de ensaio. Durante a experiência, a maior parte do ar é aquecida por um aquecedor elétrico regulável que se encontra ao longo da secção de ensaio. As temperaturas de entrada e de saída do ar do tubo são medidas por um termopar. A temperatura será medida em 8 estações na superfície exterior do tubo de ensaio de transferência para determinar o número de Nusselt médio. As várias caraterísticas do fluxo, o número de Nusselt e o número de Reynolds baseiam-se na média da temperatura da parede do tubo e da temperatura do ar de saída. A temperatura local da parede, a temperatura do ar à entrada e à saída, a queda de pressão através da secção de ensaio e a velocidade do fluxo são medidas para o tubo liso aquecido e depois para o tubo corrugado. O número de Nusselt médio é calculado e todas as propriedades do fluido são determinadas à temperatura média global do volume. A experiência é efectuada e, em seguida, é feita a análise.

6. OBJECTIVO DO ESTUDO

1. Para efetuar análises de calor e de fluxo de fluidos...
2. Encontrar a conceção óptima do domínio do escoamento para uma elevada transferência de calor com uma queda de pressão mínima.
3. Analisar o coeficiente de transferência de calor e as caraterísticas de fricção no tubo plano e no tubo corrugado.
4. Comparar o resultado do tubo plano e do tubo ondulado.
5. Validar o resultado com o resultado experimental.

7. METODOLOGIA

1. Estudo das bases do projeto do permutador de calor.
2. Estudo de vários tipos de técnicas de melhoramento da transferência de calor.
3. Seleção da técnica adequada de melhoria da transferência de calor.
4. Conceção preliminar e esquematização da instalação experimental.
5. Finalização do plano de instalação experimental.
6. Fabrico da instalação experimental.
7. Tomar as observações para os vários caudais mássicos e calcular a transferência de calor por convecção e o fator de atrito a partir da secção de ensaio.
8. Validação do modelo proposto.

8. TEORIAS

Nesta secção, são definidos alguns termos importantes normalmente utilizados no trabalho de aumento da transferência de calor.

8.1 Desempenho termo-hidráulico

Para um determinado número de Reynolds, o desempenho termo-hidráulico de uma pastilha é considerado bom se o coeficiente de transferência de calor aumentar significativamente com um aumento mínimo do fator de atrito. A estimativa do desempenho termo-hidráulico é geralmente utilizada para comparar o desempenho de diferentes inserções numa determinada condição de escoamento.

8.2 Rácio de melhoria global

O rácio de melhoria global é definido como o rácio entre o rácio de melhoria da transferência de calor e o rácio do fator de atrito. Este parâmetro também é utilizado para comparar diferentes técnicas passivas e permite a comparação de dois métodos diferentes para a mesma queda de pressão.

Rácio de melhoria global

$$\text{Overall Enhancement Ratio} = \frac{\text{Nu}}{\text{Nu}_{\text{baseline}}} \cdot \left(\frac{1}{f^{1/3}}\right) \cdot \frac{1}{f_o}$$

8.3 Número de Reynolds

O número de Reynolds é dado por,

$$\text{Re} = \frac{\rho V d}{\mu}$$

$$\text{Re} = \frac{\rho V^2}{\frac{\mu V}{d}}$$

Rearranjo dos termos

$$\text{Re} = \frac{\textit{Inertia force}}{\textit{Viscous force}}$$

Força de inércia

Força viscosa

O número de Reynolds pode ser interpretado fisicamente como o rácio entre a inércia e as forças viscosas na camada limite de velocidade. Valores elevados de Re denotam forças viscosas elevadas.

Onde,

p = densidade em kg/m^3 m

V = velocidade do fluido em $^m/_s$

d = diâmetro hidráulico do tubo em m.

μ = viscosidade dinâmica em - seg

8.4 Número de Nusselt

O número de Nusselt é uma medida da transferência de calor por convecção que ocorre na superfície e é dado por

Nu=hD/k

$$\text{Nu} = \frac{\frac{hA\Delta T}{\overline{kA\Delta T}}}{d}$$

Rearranjo dos termos,

$$\text{Nu} = \frac{rate\ of\ heat\ transfer\ by\ convection}{rate\ of\ heat\ transfer\ by\ conduction}$$

taxa de transferência de calor por convecção

taxa de transferência de calor por condução

Onde,h = coeficiente de transferência de calor por convecção em $^W/_{m^2K}$

d = diâmetro hidráulico do tubo em m.

k = Condutividade térmica $^W/_{mK}$

A = área da superfície do tubo em m^2

A interpretação física do número de Nusselt segue a sua definição como a razão entre a taxa de transferência de calor por convecção e a taxa de transferência de calor por condução.

8.5 Número de Prandtl

O número de Prandtl é dado por,

$$\text{Pr} = \frac{\mu C_p}{k}$$

$$\Pr = \frac{\mu}{k} = \frac{v}{\alpha}$$

$$\rho Cp$$

Rearranjo dos

$$\Pr = \frac{Kinematic\ viscosity}{Thermal\ diffusity}$$

$$= \frac{Diffusion\ of\ momentum}{Diffusion\ of\ heat\ energy}$$

$$\frac{\textit{Viscosidade cinemática}}{\textit{Difusidade térmica}}$$

$$\frac{\textit{Difusão do impulso}}{\textit{Difusão da energia térmica}}$$

Em que, μ = viscosidade dinâmica em $kg/_{m} - sec$

= calor específico em j/kg-k

C_p

k = condutividade térmica $W/_{mK}$

p = densidade em m^3/kg

v = viscosidade cinemática em $m^2/_{sec}$

a = difusividade térmica em $m^2/_{sec}$

A interpretação física do número de Prandtl decorre da sua definição como um rácio entre a difusividade do momento e a difusividade térmica. Fornece uma medida da eficácia relativa do transporte de momento e energia por difusão nas camadas limite de velocidade e térmica, respetivamente.

9. CÁLCULO

No presente trabalho, o ar é utilizado como fluido de trabalho e circula através de um fluxo de calor uniforme e de um tubo de isolamento. A taxa de transferência de calor em estado estacionário é assumida como sendo igual à perda de calor da secção de ensaio, que pode ser expressa como:

Qair Qconv =

Onde,

Qair = mCpa(To-Ti)

Qconv = hA(Tw-Tb)

1. Em primeiro lugar, calcular o caudal mássico em kg/seg. utilizando a seguinte equação m = pAV

2. Em seguida, calcular o número de Reynolds utilizando,

$$\mathrm{Re} = \frac{\rho V d}{\mu}$$

Para o caudal através do tubo

a) Escoamento laminar (Re < 2000)

Nu = 4,36 (Para fluxo de calor constante)

Nu = 3,66 (Para temperatura constante da parede)

b) Fluxo turbulento (Re > 4000)

Equação de Dittus-Boelter

Nu = 0,023 $Re^{0,8}$ $Pr^{0,4}$ (o fluido é aquecido)

Nu = 0,023 $Re^{0,8}Pr^{0,3}$ (o fluido é arrefecido)

3. Em seguida, calcule o coeficiente de transferência de calor a partir da equação

$$Nu = \frac{hd}{k}$$

dada a seguir,

4. Em seguida, calcular a transferência de calor por convecção a partir da secção de ensaio,

Qconv= hA(Tw-Tb)

Onde,

$$Tw = \frac{\sum Tw}{6}$$

$$Tb = \frac{To+Ti}{2}$$

To = Temperatura de saída do ar.

Ti = Temperatura de entrada do ar.

5. Finalmente, calcule o fator de atrito utilizando,

$$f = \frac{\Delta P \cdot d}{L \cdot \left(\frac{\rho V^2}{2}\right)}$$

As experiências foram realizadas no equipamento de teste inicialmente com o tubo circular plano e foram calculadas as diferentes caraterísticas de transferência de calor e, em seguida, o mesmo é feito para o tubo corrugado. O fornecimento de ar pode ser controlado pela válvula e são fornecidos vários caudais mássicos para os quais são calculadas as caraterísticas de transferência de calor.

Tabela de observação - Para tubo circular plano

Sr.	**Q**	**V**	**I**	**V**	**Temperaturas C**						
Não.	**(watt)**	**(Volts)**	**(amp)**	**(m/s)**	**T1**	**T2**	**T3**	**T4**	**T5**	**T6**	**T7**
1	500	200	2.5	1.5	36	38	75	79	85	83	86
2	500	200	2.5	1.9	36	39	76	80	87	85	88
3	500	200	2.5	2.4	36	40	77	81	89	86	89
4	500	200	2.5	3	36	42	78	83	90	88	91
5	500	200	2.5	3.5	36	45	79	83	91	90	92
6	500	200	2.5	3.8	36	49	80	85	92	91	93

Cálculos para 1st Leitura do tubo liso

1) Temperatura média do ar a granel

Tmédia=(ΣT média)/7

$$= \frac{36+42+78+83+90+88+91}{7}$$

Tmédia=72,57^{0}C

Propriedades diversas do ar a Tmean= 72,57C

- *Densidade ρ = 1,021 kg/m³*
- *Viscosidade absoluta μ=2,07 x 10~⁶Ns/m²*
- *Viscosidade cinemática v= 20,29 x 10⁶m²/s*
- *Número de Prandtl Pr. =0,693*
- *Calor específico Cp =l009 J/KgK*
- *Condutividade térmica k = 29,868 W/mK*

2) *Caudal mássico*

m= pAV

m=1,021 xⁿx0,034²x3

4

m=2,78 g/seg

Número de Reynold

Re = PV°/P

3)

$$Re = \rho v D / \mu$$

3)

$$Re = \frac{1.021 \times 3 \times 0.034}{2.072 \times 10{-}5}$$

Re=5026.15

4) *Número de Nusselt*

Por Dittus Boelter Equação

$Nu= 0,023\ Re^{0,8} Pr^{0.4}$

$Nu= 023\ (5026.15)^{0.8} (0.693)^{0.4}$

Nu=18,15

5) *Coeficiente de transferência de calor*

$$Nu = \frac{hD}{k}$$

$$18.15 = \frac{h \times 0.034}{0.029868}$$

$h=15.94$ W/m²K

Tabela de cálculo para - tubo circular plano :-

Sr. Não.	Re	Nu	h (W/m²°C)
1	2564	11.61	9.23
2	3227	12.75	11.11
3	4053	15.28	13.37
4	5026	18.15	15.94
5	5835	20.45	18
6	6292	21.72	19.2

Tabela de observação para - Tubo corrugado

Sr. Não.	Q (Watt)	V (volt)	I (amp)	v (m/ s)	Temperatura						
					T1	*T2*	*T3*	*T4*	*T5*	*T6*	*T7*
1	500	200	2.5	0.8	35	36	96	99	101	105	107
2	500	200	2.5	1.5	35	37	99	104	104	109	109
3	500	200	2.5	2.3	35	38	101	107	108	113	113
4	500	200	2.5	2.9	35	40	103	108	110	114	115
5	500	200	2.5	3.5	35	41	105	109	112	116	117
6	500	200	2.5	3.9	35	42	106	110	115	119	120

Cálculo para a *4.ª* leitura do tubo corrugado Temperatura média do ar a granel

Tmean= (£Tmean)/7

Tmean=(35+40+103+108+110+114+115)/7

Tmédia=89,23C

Várias propriedades do ar a 89,23C do Databook

- *Densidade* $\rho = 0{,}972\ kg/m^3$
- *Viscosidade absoluta* $\mu = 2{,}148x\ 10^{-5} Ns/m^2$
- *Viscosidade cinemática* $v = 22{,}10 \times 10^{6} m^2/s$
- *Número de Prandtl Pr. =0,690*
- *Calor específico Cp =1009 J/KgK*
- *Condutividade térmica k = 0,03128 W/mK*

2) Caudal mássico m=

Pav

$$m = 0.972 \times \pi/4 \times 0.0355^2 \times 2.9$$

m=2,78 g/seg

3) Número de Reynold

$Re = \rho v D / \mu$

$$Re = \frac{0.972 \times 2.9 \times 0.0355}{2.148 \times 10^{-5}}$$

$Re = 4659$

4) Número de Nusselt

Por Dittus Boelter Equação

$Nu = 0{,}023\, Re^{0,8} Pr^{0.4}$

$Nu = 0{,}023\, (4659)^{0,8} (0{,}69)^{0,4}$

$Nu = 17.06$

5) Coeficiente de transferência de calor

$Nu = hD/k$

$17.06 = h \times 0.0355 / 0.03128$

$H = 15{,}03\ W/M^2K$

Tabela de cálculo para -Tubo corrugado:-

Sr. Não.	Re	Nu	h (W/m² °C)
1	1330	6.3	6.5
2	2464	10.25	8.92
3	3714	14.23	12.471
4	4659	17.06	15.03
5	5488	19.43	17.14
6	6051	21	18.65

Tabela de observação para - Tubo liso com tubo corrugado

Sr. Não.	Q (Watt)	V (volt)	I (amp)	v (m/s)	Temperatura						
					T1	T2	T3	T4	T5	T6	T7
1	500	200	2.5	1.8	35	38	86	88	93	93	95
2	500	200	2.5	2.1	35	38	88	92	96	96	98
3	500	200	2.5	2.8	35	40	89	94	99	10 0	10 2
4	500	200	2.5	3.8	35	42	91	94	10 2	10 2	10 4
5	500	200	2.5	4.1	35	47	91	94	10 3	10 5	10 6

6	500	200	2.5	4.5	35	50	91	95	10 4	10 6	10 7

Cálculo para a *4ª* leitura da planície com tubo corrugado

1) 1.8Temperatura média do ar a granel

Tmean= (£Tmean)/7

Tmédia=(35 + 42 + 91 + 94 + 102 + 102 + 104)/7

Tmédia=81,4^{0}C

Propriedades diversas do ar a 81,4°C do Databook:

° *Densidade* $\rho = 1kg/m^3$

o *Viscosidade absoluta* μ*=2.109x* $10^5 Ns/m^2$

o *Viscosidade cinemática v= 21,09 x* $10\sim^6 m^2/s$

o *Número de Prandtl Pr. =0,692*

o *Calor específico Cp =1009 J/KgK*

o *Condutividade térmica k = 0,03047 W/mK*

2) Caudal mássico

m= pAV

*m=1x*ⁿ*x0,0275*^{2}*x3,8*

4

m=2,3 g/seg

3) Número de Reynold $Re = \rho \upsilon D/ \mu$

$$Re= \frac{1 \times 3.8 \times 0.0275}{2.109 \times 10^{-5}}$$

2.109 X10-5

Re=4955

4) Número de Nusselt

Por Dittus Boelter Equação

$Nu= 0,023\ Re^{0,8} Pr^{o.4}$

$Nu= 0,023\ (4955)^{0,8}(0,692)^{0,4}$

Nu=17,94

5) Coeficiente de transferência de calor

$$17.94 = \frac{h \times 0.00275}{0.03047}$$

0.03047

$h = 19,88\ W/m2K$

6) Eficiência de melhoramento

η1- Comparação entre tubo liso e tubo corrugado+liso

$$\eta 1 = h_c / h_p$$

$$\eta 1 = \frac{19.88}{15.94}$$

$$\eta 1 = 1.25$$

q2-Comparação entre tubo corrugado e tubo corrugado+laqueado tubo

$$\eta 2 = \frac{h_c}{h_{c'}}$$

$$\eta 2 = \frac{19.88}{15.03}$$

$$\eta 2 = 1.33$$

Sr. Não.	Re	Nu	h (W/m²°C)
1	2403	10.06	11
2	2773	11.28	12.5
3	3653	14.06	15.56
4	4955	17.94	19.88
5	5230	18.72	20.96
6	5670	19.97	22.5

Tabela de saída

Eficiência de melhoramento

N.º Sr.	η1	Я(2)
1	1.19	1.6
2	1.13	1.4
3	1.16	1.25
4	1.25	1.33
5	1.17	1.22
6	1.17	1.21

10. RESULTADOS E DISCUSSÃO

1) Coeficiente de transferência de calor

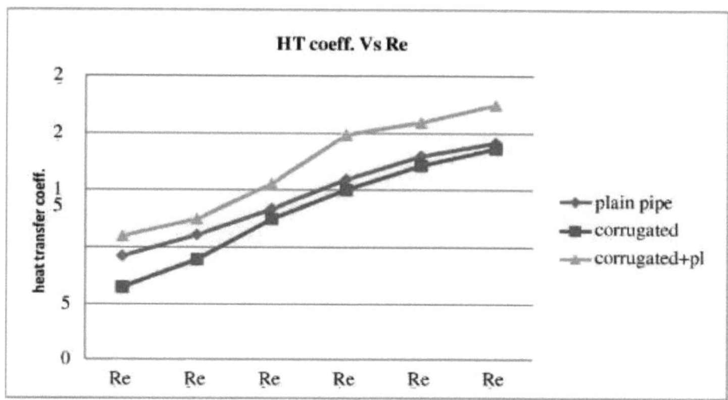

Fig. 11: Autor

A taxa de transferência de calor aumenta na configuração simples com corrugado com uma taxa significativa em comparação com o tubo simples e apenas corrugado. Este aumento na transferência de calor depende de muitos factores, mas o coeficiente de transferência de calor desempenha um papel vital. O gráfico mostra que o coeficiente de transferência de calor para a configuração simples com tubo corrugado é superior ao das restantes configurações. O gráfico mostra que a taxa de transferência de calor aumenta à medida que o número de Reynolds aumenta.

Este aumento na taxa de transferência de calor ocorreu devido à turbulência.

2) Eficiência de melhoramento

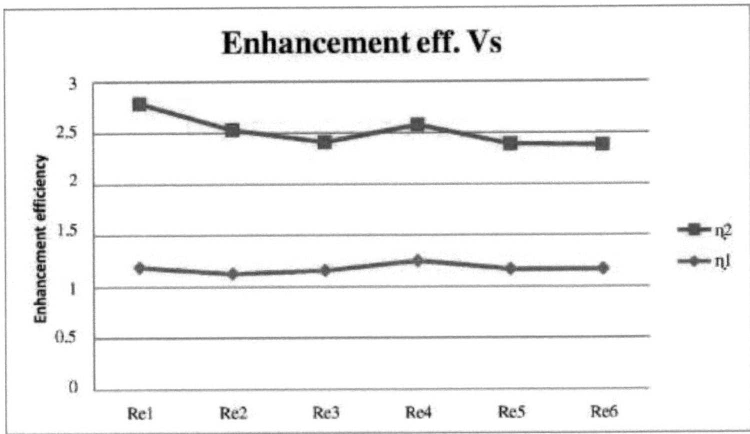

Fig. 12: Author

A eficiência de melhoria é um rácio do coeficiente de transferência de calor para a configuração modificada em relação à configuração anterior, ou seja, é um rácio do coeficiente de transferência de calor do tubo corrugado simples em relação ao tubo simples, bem como um rácio do tubo corrugado simples em relação ao tubo corrugado.

3) Número de Nusselt

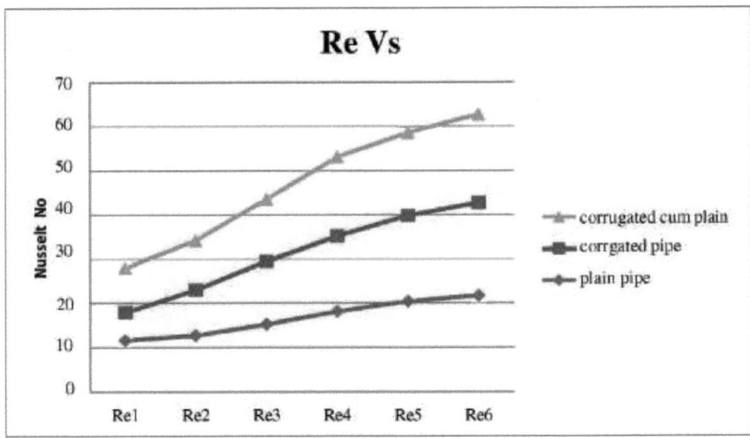

Fig. 13: Autor

Assim, Nu é a medida da transferência de energia por convecção que ocorre na superfície. Se Nu=1, isso mostra que a transferência de calor é puramente por condução na camada limite. Quanto maior for o valor de Nu, maior será a taxa de transferência de calor por convecção.

À medida que o número de Reynolds aumenta, há um aumento no número de Nusselt.

CONCLUSÃO

Foram efectuadas investigações experimentais para estudar os efeitos do tubo corrugado e liso na transferência de calor e no aumento da eficiência num tubo circular. Ao utilizar o tubo corrugado e liso com um passo de 6 mm e uma profundidade de 3 mm de cada lado, verificou-se um aumento da transferência de calor. São tiradas as seguintes conclusões.

1. A transferência de calor no tubo circular pode ser promovida através da montagem do tubo corrugado sobre o mesmo, embora provoque a perda de energia do fluxo de fluido. A principal taxa de transferência de calor obtida com a utilização de roscas internas quadradas é de 125% em relação ao tubo liso e de 133% em relação ao único tubo com rosca interna. A tara de transferência de calor aumenta no tubo de rosca quadrada com uma taxa significativa em comparação com o tubo circular liso. Este aumento da transferência de calor depende de muitos factores, mas o coeficiente de transferência de calor desempenha um papel vital.

2. A eficiência do melhoramento diminui com o aumento do número de Reynolds. O valor máximo de eficiência de melhoria obtido é de 1,33 a Re 4955 .

ÂMBITO DE APLICAÇÃO FUTURA

As técnicas de aumento da transferência de calor (passivas, activas ou uma combinação de métodos passivos e activos) são habitualmente utilizadas em áreas como as indústrias de processamento, aquecimento e arrefecimento em evaporadores, centrais térmicas, equipamento de ar condicionado, frigoríficos, radiadores para veículos espaciais, automóveis, etc. Este trabalho de projeto analisa as possibilidades de utilização de tubos corrugados e lisos para aumentar a eficiência da taxa de transferência de calor. A crise energética mundial está a chamar a atenção de muitos investigadores para trabalharem neste domínio e para encontrarem novas técnicas de conceção dos permutadores de calor e a utilização desta nova técnica reduz o tamanho dos permutadores de calor com o aumento da eficiência do permutador de calor.

O trabalho de projeto realizado por nós tem um âmbito muito vasto para trabalhos futuros, sendo alguns deles os seguintes

1. Neste trabalho de projeto, experimentalmente com o passo de 6 mm. Utilizando os métodos numéricos, podem ser comparados vários passos para obter o melhor aumento da taxa de transferência de calor.
2. O mesmo equipamento de ensaio experimental pode ser utilizado com outras inserções, tais como fitas torcidas, bocais cónicos, bobinas circulares, etc., e os resultados podem ser comparados.
3. A experiência pode ser realizada utilizando o gerador de turbilhão na entrada, o que proporciona um aumento adicional na taxa de transferência de calor.

REFERÊNCIAS

[1] M.N.Nazri, TholudinM.Lazim "Corrugation profile effect of heat transfer enhancement of laminar flow region", conferência internacional sobre engenharia mecânica e industrial.Feb 8-9 2015.

[2] VentsislavZimparov "Enhancement of heat transfer by a combination of a signal start spirally corrugated tubes with twisted tape" Elsevier,vol 25(2002)pp.535-546.

[3] M.Faizal "Estudos experimentais sobre um permutador de calor de placas onduladas para aplicação em pequenas diferenças de temperatura "Vol.36, (2012) pp.242-248.

[4] S.V.karmare, "Heat transfer and friction fator correlation for artificially roughened duct with metal grit ribs "Science-Diret, Heat and mass transfer Vol. 50 (2007) pp.4342-4351.

[5] Aichachorak "Numerical evaluation of heat transfer in corrugated heat exchanger"(2014)pp.1-6.

[6] PaisarnNaphon "Effect of corrugated plate in an in-phase arrangement of heat transfer and flow developments" science directVol 51(2008)pp.3963-3971.

[7] Yang Dong "pressure drop, heat transfer and performance of single phase turbulent floe in spirally corrugated tubes" Elsevier, Vol 24(2001)pp.131- 138.

[8] Wen-Tao Ji "Summery and evaluation on single phase heat transfer enhancement techniques of liquid laminar and turbulent pipe flow" Science Diret, Vol 88(2015) pp. 735-754.

[9] Khalid M.Saqr "Numerical study of heat transfer augmentation in pipes with internal discontinues longitudinal aletas" IJMME Vol 4 (2009) pp. 1, 62-69.

[10] M.A. Ahmad "Effect of geometrical parameters on flow and heat transfer characteristics in trapezoidal-corrugated channel using nanofluid" Science Diret, Vol 42 (2013) pp. 69-74.

[11]

Printed by Books on Demand GmbH, Norderstedt / Germany